BEI GRIN MACHT SICH IHR WISSEN BEZAHLT

- Wir veröffentlichen Ihre Hausarbeit,
  Bachelor- und Masterarbeit

- Ihr eigenes eBook und Buch -
  weltweit in allen wichtigen Shops

- Verdienen Sie an jedem Verkauf

Jetzt bei www.GRIN.com hochladen
und kostenlos publizieren

Lise Meitner

Biochemie III. Lernzusammenfassung

GRIN Verlag

Merkmale biologischer Membranen:
- Membranen sind nicht-kovalente Molekülanordnungen (van-der-Waals!)
- Spontane Bildung (hydrophober Effekt, Van-der-Waals-Kräfte)
- Flüssigmosaikmodell (flüssige Struktur, jedoch einzelne organisierte Bereiche)
- Integrale, verankerte oder periphere Proteine vermitteln Membranfunktionen
- Undurchlässig für die meisten Moleküle (Ausnahmen: H_2O, Gase wie NO, O_2, CO_2, Steroide, Harnstoff)
- Asymmetrie (Innen: PI, PS, PE, PC Außen: PC, SM, Glykolipide, Proteinverteilung)
- Elektrisch polarisiert (Intrazelluläres Milieu und innerer Monolayer negativ geladen, Membranpotenzial – 60 mV)
- Unterschiedliche Dichte durch SM und Cholesterin, unterschiedliche Fluidität durch Cholesterin und ungesättigte FS (van-der-Waals-Kräfte schwächer!)
- Hohe laterale aber, geringe transversale Mobilität (Flippasen)

Funktionen biologischer Membranen:
- Kompartimentierung, Bildung von Reaktionsräumen
- Aufrechterhaltung von Gradienten
- Regelung des Substrat- und Informationsaustausches
- Konzentration verschiedener Protein- und Signalkomplexe

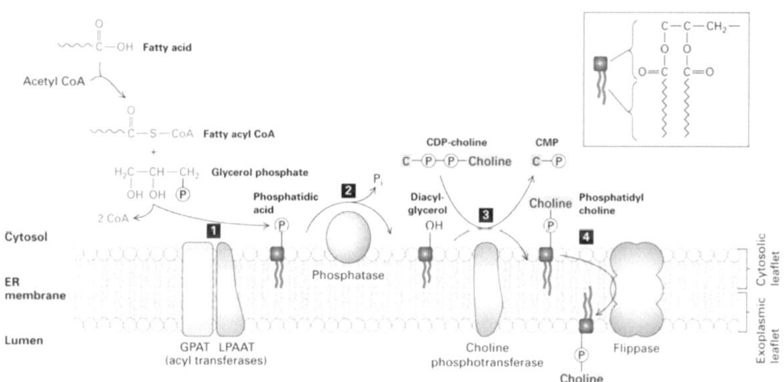

Äußerer Monolayer (extrazellulär / lumenal)
- Phosphatidylcholin (Ptd-Cholin)
- Sphingomyelin (eher außen)
- Glykolipide
- GPI-verankerte Proteine

Innerer Monolayer (cytoplasmatisch)
- Ptd-Serin (negativ geladen)
- Ptd-Ethanolamin
- Ptd-Inositol (negativ geladen)

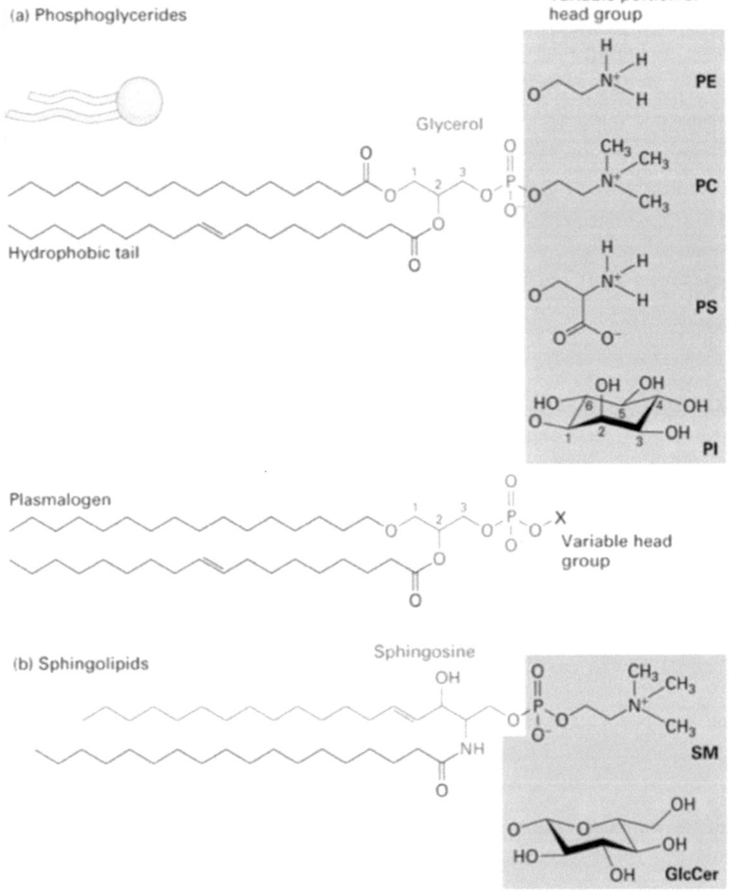

II Zellorganellen

- sER: Ca^{2+}-Speicher, Lipidbiosynthese, Glykogen, Entgiftung der Zelle
- rER: Proteinbiosynthese, PTMs, Membranlipidsynthese
- Golgi: Nucleus – cis – medial – trans – Plasmamembran
- Endosomen, Lysosomen: Phagocytose & Endocytose, Recycling & Abbau extrazellulärere Moleküle, Late endosome + primary lysosome = secondary lysosome, saurer pH, Hydrolasen

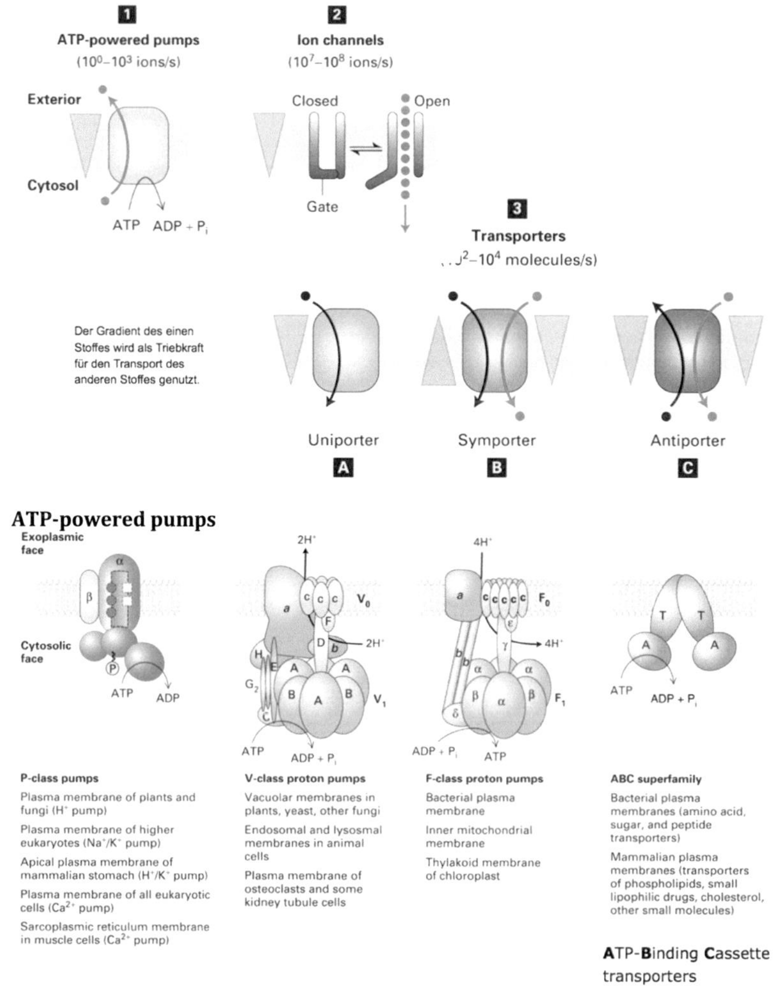

ATP-powered pumps

P-class pumps

Plasma membrane of plants and fungi (H⁺ pump)

Plasma membrane of higher eukaryotes (Na⁺/K⁺ pump)

Apical plasma membrane of mammalian stomach (H⁺/K⁺ pump)

Plasma membrane of all eukaryotic cells (Ca²⁺ pump)

Sarcoplasmic reticulum membrane in muscle cells (Ca²⁺ pump)

V-class proton pumps

Vacuolar membranes in plants, yeast, other fungi

Endosomal and lysosmal membranes in animal cells

Plasma membrane of osteoclasts and some kidney tubule cells

F-class proton pumps

Bacterial plasma membrane

Inner mitochondrial membrane

Thylakoid membrane of chloroplast

ABC superfamily

Bacterial plasma membranes (amino acid, sugar, and peptide transporters)

Mammalian plasma membranes (transporters of phospholipids, small lipophilic drugs, cholesterol, other small molecules)

ATP-**B**inding **C**assette transporters

P-class pumps: Phosphorylierung der α-subunit und Konformationsänderung
V- und F-class proton pumps: Nur H⁺, ATP-Bindungsstelle cytosolisch
   ABC Proteine: 2 Transmembrandomänen und 2 zytosolische Domänen

Ionenverteilung an Membranen

	Intrazellulär	Extrazellulär
Na⁺	↓	↑
K⁺	↑	↓
Ca²⁺	↓	↑
Cl⁻	↓	↑

IV Proteinsekretion

- N-terminale Signalsequenz von 6-12 hydrophoben Aminosäuren
- Signal recogniton particle (SRP) ist ein Ribonukleoprotein
- Die Untereinheit SRP54 bindet an Signalsequenz und hemmt die Translation
- Bindung an SRP-Rezeptor, beide haben GTP-Bindungsstellen
- GTP-Hydrolyse ist Teil eines Korrekturmechanismus (proof reading), der Proteine ohne korrekte Signalsequenz wieder freisetzt
- GTP-Hydrolyse löst Signalsequenz von SRP

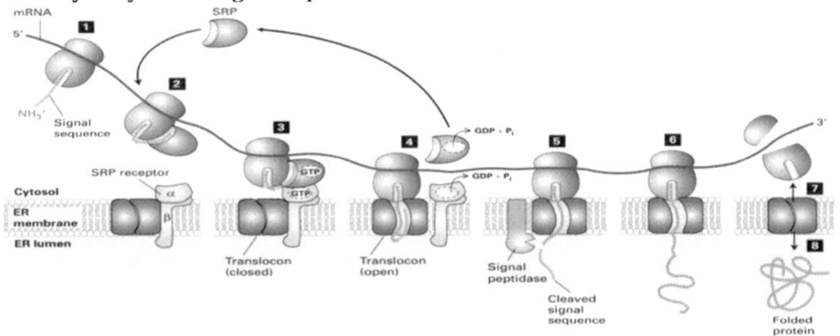

V Typen von Membranproteinen

TYP 1

Die **Stop-Transfer-Anker-Sequenz** bindet in den Translocon-Kanal und wird lateral in die Membran entlassen. Signalsequenz am N-Terminus.

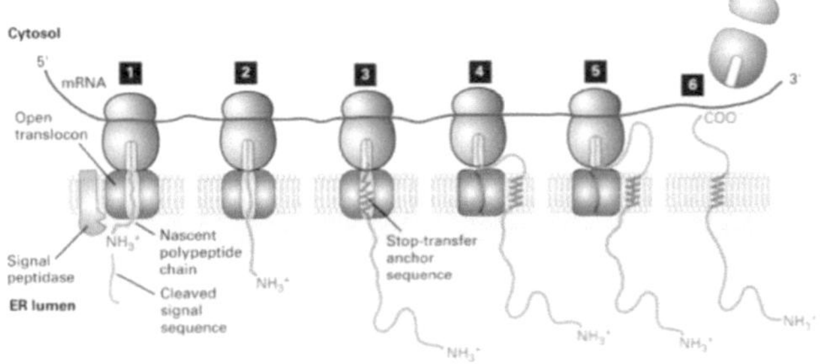

TYP 2

Verankerung durch eine interne **Signal-Anker-Sequenz** in der Membran, C-Terminus im Lumen! **Kein Signalpeptid!**

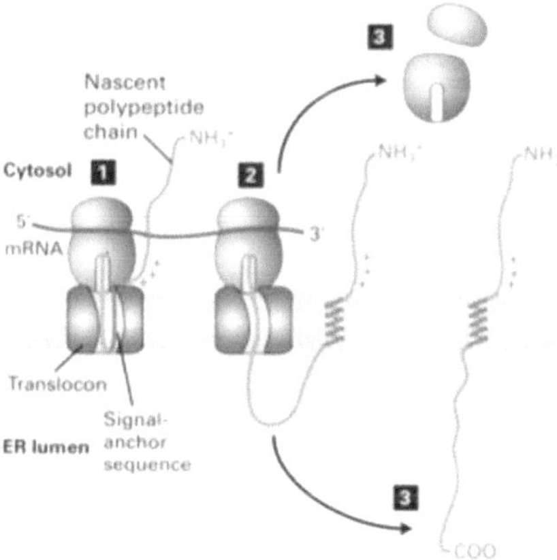

TYP 3: KEIN Signalpeptid!! Positiv geladene Aminosäuren führen luminalen Orientierung des N-Terminus wie bei Typ I. **Signal-Anker-Sequenz** wie Typ II.

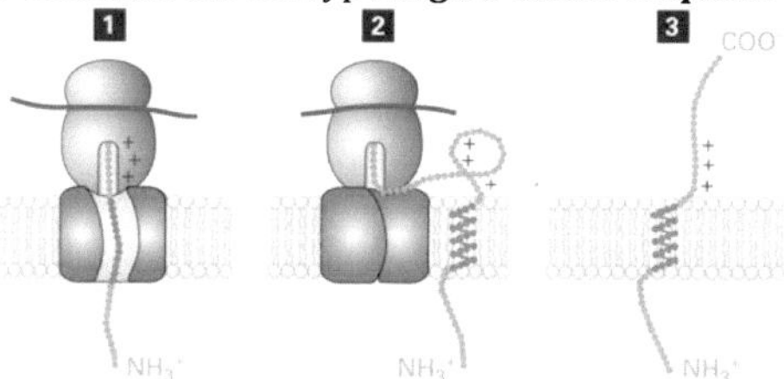

TYP 4: Orientierung mithilfe von **Multiple Stop-Transfer- und Signal-Anker-Sequenzen**

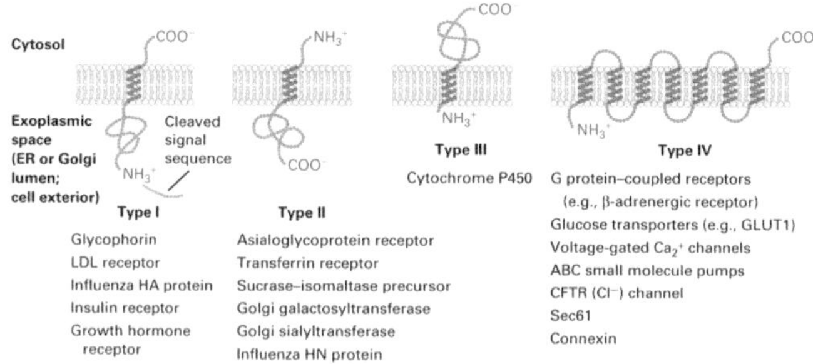

Disulfidbrückenbildung

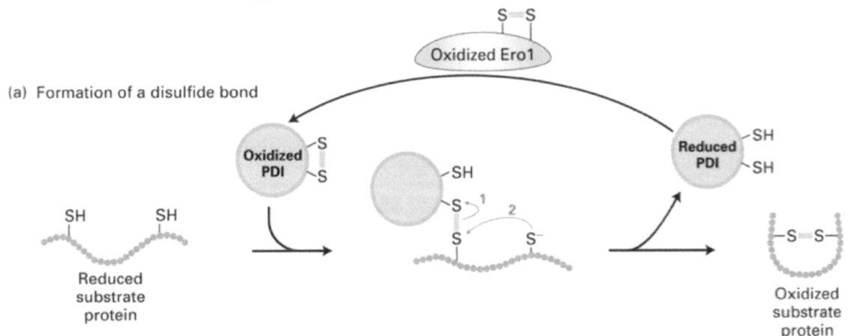

- Disulfidbrücken werden **ausschließlich expoplasmatisch** gebildet (also NICHT in cytosolischen Proteinen)
- Ero1 wird durch O_2 reoxidiert
- Zunächst werden benachbarte Cys verknüpft (in Reihenfolge der Translation)
- Fehlverknüpfungen werden durch PDI gelöst und können zwischen ⬚alternativen Resten neu arrangiert werden

VI Glykosylierung

N-Glykosylierung im ER an Asn (Asn–X–Ser/Thr, X: alles außer Pro)

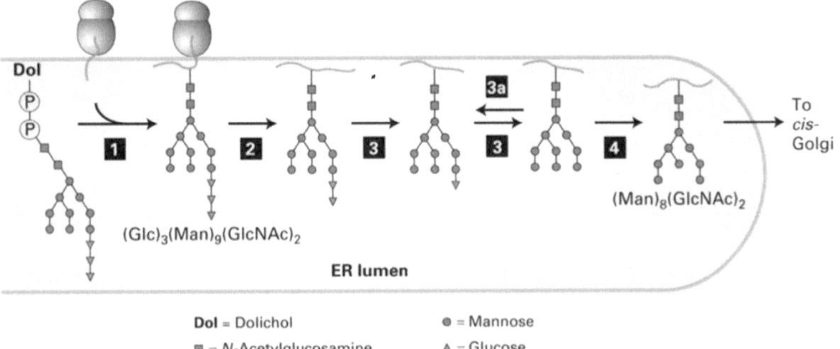

Precursor: Dol-P erhält 2 GlcNAc mittels UDP, dann 5 Man mittels GDP, dann Flip ins ER Lumen, dann 4 Man aus Dol-P-Man, dann 3 Glc aus Dol-P-Glc

1) OST (Oligosaccharyltransferase) überträgt Precursor
2) und 3) Glc-Trimming
3) Calnexin/Calreticulin: Qualitätskontrolle
4) Entfernung von Man zum Export in Richtung Golgi

O-Glykosylierung im Golgi an Ser/Thr (keine Signalsequenz!)
Modifizierung der N-Glykosylierung ebenfalls im Golgi

Eukaryonten verwenden nur eine geringe Anzahl unterschiedliche Zucker, durch Kombination und vor allem die **Art der Bindung** entstehen aber vielfältige Glykane. Es gibt keine Vorlage für Glykosylierungen! Nukleotidzucker wie UDP-Glc, UDP-Gal, GDP-Man und GDP-Fuc sind Zuckerdonoren für Glykosyltransferasen. Alle wichtigen Zucker können aus Glucose hergestellt werden, da Zucker ineinander umwandelbar sind! N-Glykane haben alle dieselbe core structure!

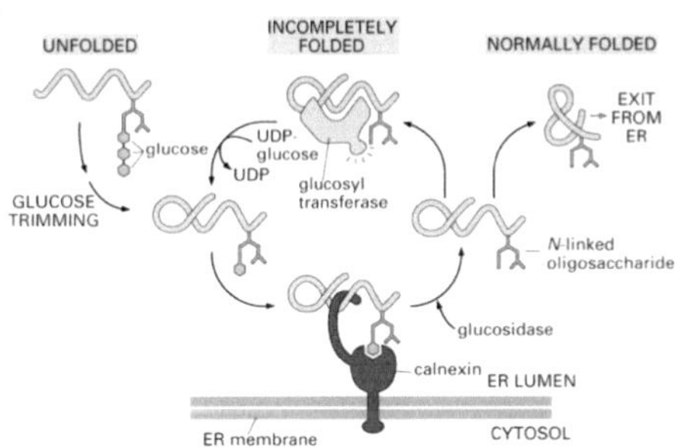

VII Cytoskelett

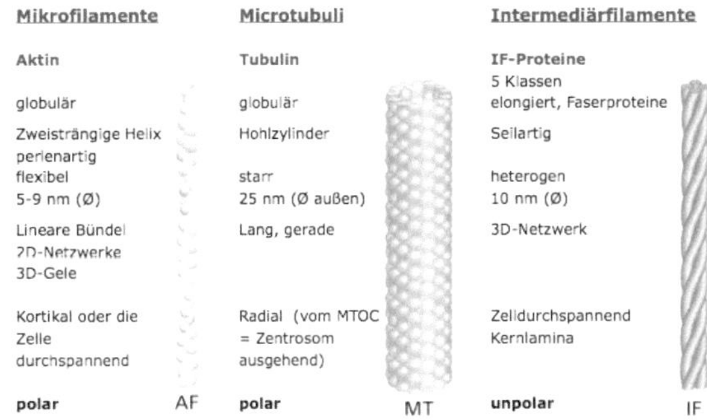

Mikrofilamente		Microtubuli		Intermediärfilamente	
Aktin		**Tubulin**		**IF-Proteine**	
				5 Klassen	
globulär		globulär		elongiert, Faserproteine	
Zweisträngige Helix perlenartig flexibel		Hohlzylinder		Seilartig	
		starr		heterogen	
5-9 nm (Ø)		25 nm (Ø außen)		10 nm (Ø)	
Lineare Bündel 2D-Netzwerke 3D-Gele		Lang, gerade		3D-Netzwerk	
Kortikal oder die Zelle durchspannend		Radial (vom MTOC = Zentrosom ausgehend)		Zelldurchspannend Kernlamina	
polar	AF	**polar**	MT	**unpolar**	IF

Polarität: Minusende, an dem ab- oder nur langsam aufgebaut wird, und Plusende, an dem schnell aufgebaut wird

Aktinfilamente

- G-Aktin ist globulär
- Intrinische ATPase
- Filamentbildung durch ATP-Hydrolyse
- Freies G-Aktin → Nukleation an Formin → Elogation → steady state/treadmill

Aktinbindende Proteine:
- Profilin: Blockiert Addition am Minusende
- Cofilin: Abbau durch Abbrechen am Minusende
- Thymosin: verhindert, dass alles Aktin in Filamente eingebaut wird
- Formin: Nukleationsbeginn
- Arp2/3: Verzweigungen im 70° Winkel
- Fimbrin/Actinin: parallele Verbindungen
- Spektrin: Quervernetzung
- Filamin: sieht aus wie eine Fledermaus, Verbindung
- Dystrophin: Verbindung mit der Plasmamembran

Capping Proteine, verhindern Abbau:
- Cap Z: am Plusende
- Tropomodulin: am Minusende

Motorprotein:
- Myosin

Mikrotubuli

- Dimer aus
    - α-Tubulin: hält GTP gebunden, Minusende
    - und β-Tubulin: intrinsische GTP-Hydrolyse
- MTs wachsen von MTOCs aus, Minusende am MTOC, Plusende in der Zelle
- Protofilamentbildung (eine Kette) → Sheet assembly → Elongation
- "Katastrophe": schnelles Auflösen am Plusende durch Verlust der T-Kappe

Mikrotubuli-assoziierte Proteine (MAPs):
- MAP2: Parallele Vernetzung, großer Abstand
- Tau: Parallele Vernetzung, kleiner Abstand
- EB1: ein +TIP (plus end tracking protein)
- Stathmis, Kin-13: Destabilisierung

Motorproteine:
- Kinesine
- Dyneine

Intermediärfilamente

- Sehr stabil, flexibel, seilartig
- Klassen: Keratine, Lamine, Neurofilamente, Desmin
- NICHT POLAR!!

Myosin (auf Aktin)
- Head, Neck (Länge beeinflusst Schrittlänge!!!), Tail
- Bewegung in Richtung Plusende der Aktinfilamente
- ATP-Bindung: Ablösen von Aktin (Totenstarre!)
- Hydrolyse: Kopf schwingt nach vorne
- Release von P: Power stroke

Myosin I:
- Monomer, Membranverankert

Myosin II:
- Dimer
- Zusammenlagerung zu dicken, bipolaren Filamenten mit hunderten von Motordomänen → Kontraktile Elemente der Muskel
- **Gestreifte Muskulatur:** ATP & Ca^{2+} zur Kontraktion benötigt, Aktin von **Troponin (TN) und Tropomyosin (TM)** bedeckt, durch Ca^{2+} schiebt TN TM vom Aktin weg
- **Glatte Muskulatur:** Ca^{2+} aktiviert Myosin light chain Kinase und diese **phosphoryliert** Myosin light chain. Regulation durch Hormone u.Ä.

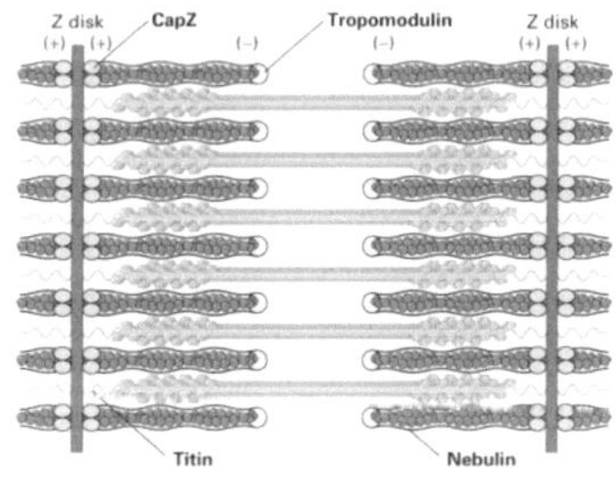

Sarkomer

Z-Scheibe: Verankerung
A-Bande: dicker Überlappungsbereich
I-Bande: dünner Teil um Z-Scheibe
M-Linie: Linie in der Mitte mit Myosin

Titin: "Feder"
Nebulin: Hüllprotein
Cap Z, Tropomodulin: Capping Proteine

Myosin V:
- Dimer
- Organellen- und Vesikeltransport

Kinesin (auf MTs)
- Bewegung in Richtung Plusende (weg vom MTOC)
- Head, Linker, Stalk, Tail mit light chain
- Dimere!! Fuß-vor-Fuß-Bewegung, prozessive Bewegung, ein Kopf immer gebunden
- Verschiedenste Formen und Aufgaben (Erinnerung: Referat im BBP!)
- ATP Bindung verursacht das Nach-vorne-Schwingen des hinteren Köpfchens
- Hohe Affinität des ATP-bindenden Köpfchens zum MT

Dyneine (auf MTs)
- Bewegung in Minusrichtung! Benötigen Dynactin zur Bindung von Cargo

Arten von Vesikeln:

- **COPII**
    - o ER nach cis-Golgi (anterograd)
    - o Sar1 als kleine ras-GTPase, Sec12 als GEF
    - o Hüllproteine: Sec23/24 und Sec13/31
    - o Doppelt saure Sortierungssignale (z.B. Asp-Xaa-Glu)

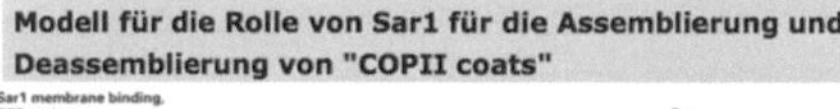

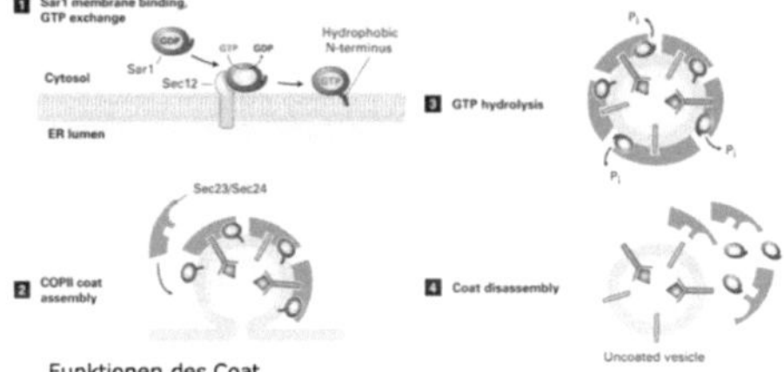

<u>Funktionen des Coat</u>

- ➤ Auswahl und Aufkonzentrierung von Cargo-Proteinen
- ➤ Membrankrümmung
- ➤ Bildung geschützter, segregierter Membrandomänen

- **COPI**
    - o cis-Golgi nach ER (retrograd)
    - o Arf1 als GTPase
    - o Hüllproteine: α, β, β', γ, δ, ϵ
    - o KDEL/KKXX-Signalsequenz

- **Clathrin**
    - o vom trans-Golgi oder der Plasmamembran in Endosomen/Lysosomen

Docking und Fusion

- Vesikel muss die Hüllproteine abgestreift haben!! (uncoated)
- Im Vesikel lipidverankerte Rab-GTPase vermittelt das Andocken (tethering) an die Zielmembran durch Bindung an einen Rab-Effektor
- Fusion durch SNARE: 1 vesicle (v) und 3 target membrane (t) SNAREs bilden ein stabiles 4-Helix-Bündel aus (Soluble NSF Attachment Protein Receptor)
- Fusionsschritte: trans-SNARE Komplex zieht Vesikel und Membran aneinander, Fusion stalk, Hemifusion (gemeinsame Membran), Membranfusion, Ausschüttung des Vesikelinhalts, trans-SNARE-Komplex ist jetzt cis-SNARE-Komplex
- Regeneration des cis-SNARE-Komplexes durch NSF und α-SNAP (ATP-Verbrauch)

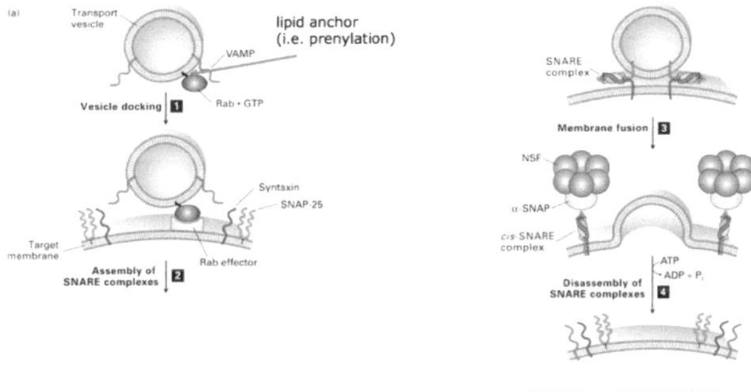

Die hämatopoetischen Stammzellen differenzieren zu unterschiedlichen Effektor-Zellen des Immunsystems

T-Zellen, B-Zellen: Zellen der adaptiven Immunantwort. Die adaptive Immunität gewährleistet langfristige Schutz vor Infektionen.

Angeborene Immunität: Unmittelbare Reaktion des Immunsystems auf Pathogen Hängt nicht von der klonalen Expansion Antigenspezifischer Lymphozyten ab.

Als dritter Zelltyp der lymphoiden Progenitor-Zelle werden Natürliche Killer-Zellen gebildet, die ihre Rezeptoren aber nicht rearrangieren.

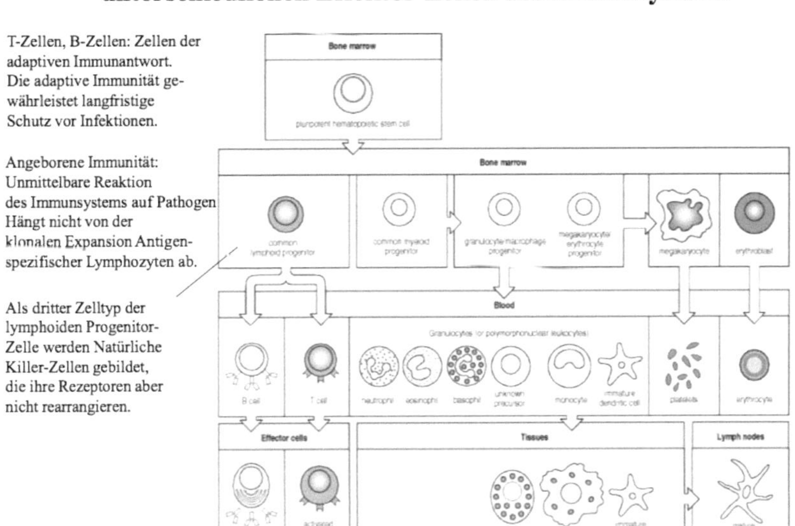

„Toll-like" Rezeptoren aktivieren NFκB/MAPK/IL-1β

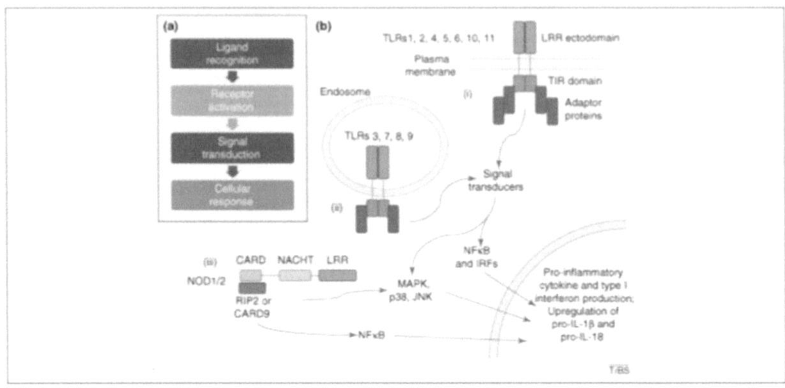

TLR auf Makrophagen, gebunden werden dsRNA, Lipopolysaccharide, Glycostrukturen

BEI GRIN MACHT SICH IHR WISSEN BEZAHLT

- Wir veröffentlichen Ihre Hausarbeit,
  Bachelor- und Masterarbeit

- Ihr eigenes eBook und Buch -
  weltweit in allen wichtigen Shops

- Verdienen Sie an jedem Verkauf

Jetzt bei www.GRIN.com hochladen
und kostenlos publizieren